KB244431

레이먼 킴 심플 쿠킹 2. 닭과 달걀

초판 1쇄 인쇄 2017년 7월 21일 초판 1쇄 발행 2017년 7월 31일

지은이 레이먼 킴
펴낸이 연준혁

출판1본부 이사 김은주
출판1분사 분사장 한수미
책임편집 최연진
디자인 강경신

사진 심윤석 그리고 정민영, 방성혁, 이해리(스튜디오 심)
푸드 스타일링 김은아(차리다 스튜디오)

펴낸곳 (주)위즈덤하우스 미디어그룹 출판등록 2000년 5월 23일 제13-1071호
주소 경기도 고양시 일산동구 정발산로 43-20 센트럴프라자 6층
전화 031)936-4000 팩스 031)903-3893 홈페이지 www.wisdomhouse.co.kr

값 9,900원
ⓒ레이먼 킴, 2017
ISBN 978-89-98010-63-8 14590
ISBN 978-89-98010-66-9 (세트)

• 이 도서의 국립중앙도서관 출판예정도서목록(CIP)은 서지정보유통지원시스템 홈페이지(http://seoji.nl.go.kr)와
  국가자료공동목록시스템(http://www.nl.go.kr/kolisnet)에서 이용하실 수 있습니다.(CIP제어번호: CIP2017017040)

레이먼 킴 심플 쿠킹 2. 닭과 달걀

레이먼 킴 지음

위즈덤스타일

ISBN 9788998010638 14590

이 책이
당신의 냄비 받침으로
쓰이길 바란다

셰프의 레시피란, 함께 일하는 동료들에게는 설명서이자 교과서이며 언제나 그 맛과 양과 질을 지키겠다는 손님과의 약속이므로 레스토랑의 정체성이기도 하다. 그만큼 레시피에는 책임감이 따른다.

열다섯이 되던 해 캐나다로 이민을 가 직업으로 요리사 생활을 시작했던 때가 스물한 살이다. 고된 노동을 마치고 집에 오면 아무리 늦은 시간에라도 그날 배운 새로운 요리법이나 만들어보았던 요리들을 정리하고, 그림을 그리고 색을 칠해가며 레시피를 만들던 시간이 있었다. 돌이켜보면 그 레시피들은 정말 한심한 수준의 것들이 대부분이다. 하지만 요리에 특출한 재주가 없던 어린 동양인 요리사 지망생이 셰프가 되리라는 미래를 상상하며 할 수 있었던 유일하고도 즐거운 돌파구였고, 지금 내 레스토랑에서 실제로 쓰이는 프로페셔널한 레시피들의 기초가 되었다. 지금의 나를 만들어준 시간이 고스란히 담긴 더없이 귀중한 자료이다.

이 책은 태어나서 요리사로서 만드는 첫 요리책인 만큼 의미 있는 작업이다. 작업을 시작하며 이런저런 구상을 하고 회의를 하는 동안 무게감 있는 에세이나 화보 같은 멋진 사진들을 넣을까 진지하게 고민하기도 했다. 레시피를 몇 번이나 수정하고 다시 요리를 만들어보면서 '이건 너무 쉬운 것 아닌가? 대단한 레시피가 아니라서 실망하는 것은 아닐까?'라는 생각을 했던 것도 사실이다.

하지만 결국, 셰프로서의 중압감과 책임감은 내가 몸담고 있는 레스토랑의 주방 속에 넣어두고, 그저 직업이 요리사인 사람으로서 누군가 간단히 해 먹을 수 있는 음식을 물어본다면 그 누구에게라도 편하게 설명할 수 있는 레시피만을 적기로 했다. 그게 요리하는 즐거움이 아닌가. 물론 이 책의 몇 가지는 어려울 수 있으리라 예상하고 있다. 그래도 내게 특별한 레시피인 만큼 꼭 소개하고 싶었다.

그러므로 당신과 함께 만들 이 레시피들은 일반 가정에서 누구나 쉽게 요리할 수 있도록 복잡한 기구의 사용이나, 구하기 힘든 재료들, 전문가나 할 수 있을 듯한 조리법은 제외했다. 그 시절의 친구들을 위해 만들었던 요리들과, 함께 일하던 동료들과의 한 끼 식사, 이민자들의 사회인 캐나다에서 배운 가정식을 한국 실정에 맞게 적어보았다.

첫 요리책을 내는 바람이 있다면 당신이 고른 이 책이 요리가 필요할 때 한두 번 보고 이내 책장에 꽂혀 그대로 자리 잡지 않았으면 한다. 주방 한구석에 계속 머물면서 일주일에 한두 번은 펼쳐지고 사용되고 읽혀져 낡고 색이 바랠 만큼 당신의 주방에서 떠나지 않는 책이었으면 한다. 그래서 이 책이 냄비 받침 대신 쓰이기를 바란다.

당신에게 꼭 필요한 레시피 다섯 가지 정도는 이 책에서 찾을 수 있기를 간절히 바라며 언제나 "잘 먹고, 잘 사는(Eat Well, Live Well)" 라이프스타일을 이루길 바라고 바라고 바란다.

『닭과 달걀』을 펴내며

달걀로 아침을 먹고 닭고기로 점심과 저녁을 먹어도 질리지 않을 만큼 나는 닭을 사랑한다.
서양에서는 이래도 저래도 비슷하고 특색이 없는 음식을 "Taste like chicken"이라고 말하지만
나는 전혀 다른 생각이다. 부위별로 나누어 요리하고, 어떻게 조리하느냐에 따라 닭고기가 얼
마나 다양하고 색다른 맛을 느낄 수 있는 식재료인지 꼭 소개하고 싶었다. 그래서 이 책을 읽
고 나면 누군가 당신에게 "치맥이나 하자!"라고 했을 때 "내가 만들어줄 테니 근사한 닭 요리
에 와인 한잔하자"라고 말할 수 있도록 말이다.
완전식품이라 불리는 달걀도 바쁜 아침에 식사 대용으로 프라이를 해 먹거나, 다이어트용으
로 삶아 먹기만 하지 말고 가끔은 달걀로 피클도 담그고, 디저트도 만들어 먹으면서 평범한
달걀을 재미있고 멋진 요리로 바꾸어볼 수 있는 레시피를 소개하고 싶었다. 이 책을 보고 나
면 당신은 더 이상 닭과 달걀을 평범하고 지루한 식재료로 여기지 않게 될 것이다.

전체 계량(중요 품목)

1컵 = 250ml

버터 1컵 = 227g

중력분 1컵 = 128g

강력분 1컵 = 136g

백설탕 1컵 = 201g

흑설탕 1컵 = 220g

꿀, 메이플 시럽 1컵 = 340g

1큰술 = 15ml

1작은술 = 5ml

양파 1개 = 약 200g

당근 1개 = 약 150g

파프리카 1개 = 약 180g

감자 1개 = 약 200g

셀러리 1대 = 약 25cm(잎 제외)

다진 마늘 1큰술 = 마늘 3알

언젠가 내가 요리책을 쓴다면 닭고기 가슴살이 퍽퍽하고 맛없다는 분들을 위한 몇 가지 마리네이드 요리를 꼭 소개하고 싶었다. 그게 오늘이다.

레몬에 절인 닭가슴살

약간의 레몬이 당신의 닭가슴살 요리에 부드러움과 상큼한 맛 두 가지를 동시에 선물한다. 만약 남아메리카 요리의 풍미를 내고 싶다면 레몬 대신 라임을 써보자.

─── 10인분 · 20분 ───

재료　닭가슴살(각 150g∼160g) 10덩이, 소금 1 1/2큰술, 백후추 1 1/2큰술, 설탕 2큰술, 생레몬 4개 착즙, 퓨어 올리브유 닭고기를 덮을 만큼

─── 만드는 법 ───

01 ｜ 닭가슴살에 소금과 백후추를 뿌리고 10분 정도 놔둔다.

02 ｜ 가슴살 위에 설탕과 레몬즙을 뿌리고 조심스럽게 마사지를 해준다.

03 ｜ 올리브유가 가슴살을 모두 덮을 만큼 뿌린 뒤에 커버를 씌워서 보관한다.

04 ｜ 최소 10시간을 재운 뒤 꺼내서 닭가슴살의 오일을 닦아내고 팬이나 그릴, 오븐에 굽거나 식초를 약간 넣은 물에 삶아서 요리한다.

─── TIP ───

• 보통 닭가슴살 160g 한 덩이를 1인분으로 보고 필요한 분량만큼 재우는 양념을 조절하면 된다.

• 모든 마리네이드는 냉장 보관의 경우 3일 정도 가능하다. 절대로 냉동을 하지 않는다.

LEMON MARINATED CHICKEN BREAST

CAJUN MARINATED CHICKEN BREAST

케이준 닭가슴살

루이지애나에 가지 않고도 루이지애나 스타일 케이준 닭고기 요리를 가슴살로 만들어보자.

───── **10인분 · 30분** ─────

재료 닭가슴살(각 150g~160g) 10덩이, 설탕 약간, 소금 약간
케이준 파우더 3큰술, 퓨어 올리브유 닭고기를 덮을 만큼

───── **만드는 법** ─────

01| 닭가슴살에 아주 약간의 설탕과 소금, 분량의 케이준 파우더를 뿌린 뒤 30분 정도 파우더가 묻도록 놔둔다.

02| 올리브유로 닭가슴살을 모두 덮을 만큼 뿌린 뒤 커버를 씌워서 보관한다.

03| 최소 10시간을 재운 뒤 꺼내서 오일을 닦아내고 팬이나 그릴, 오븐에 굽거나 식초를 약간 넣은 물에 삶아서 요리한다.

GARLIC & ROSEMARY MARINATED
CHICKEN BREAST

마늘과 로즈메리에 재운 닭가슴살

아주 전통적이며 웬만한 외국의 비스트로에는 거의 준비가 되어 있는 요리다. 마치 한국의 간고등어같이 기본 중의 기본이라고 보면 되겠다.

10인분·20분

재료 닭가슴살(각 150g~160g) 10덩이, 소금 2큰술, 흑후추 1/2큰술
마늘(생) 4개, 마늘(가루) 1 1/2큰술, 로즈메리(생) 4대
퓨어 올리브유 닭고기를 덮을 만큼

만드는 법

01ㅣ 닭가슴살에 소금과 흑후추를 뿌리고 10분 정도 놔둔다.

02ㅣ 생마늘은 아주 거칠게 다져놓는다.

03ㅣ 올리브유 약간에 마늘 가루를 잘 섞은 뒤 생마늘도 넣어 섞는다.

04ㅣ 닭가슴살을 마늘 올리브유에 잘 마사지해준다.

05ㅣ 닭가슴살 사이에 로즈메리를 넣고 올리브유가 닭가슴살을 모두 덮을 만큼 뿌린 뒤 커버를 씌워서 보관한다.

06ㅣ 최소 10시간을 재운 뒤 꺼내서 오일을 닦아내고 팬이나 그릴, 오븐에 굽거나 식초를 약간 넣은 물에 삶아서 요리한다.

EASY CHICKEN QUESADILLAS

치킨 퀘사디아

너무 뻔한 이야기 같지만 정말 그렇다. 간단한 점심부터 근사한 저녁식사까지, 성장기 어린이 간식부터 술안주까지…!

----------------------- **1인분 · 20분** -----------------------

재료　레몬에 재운 닭가슴살 1/2덩이, 양상추 약간, 양파 약간
　　　쪽파 1대, 블랙 올리브 3알, 밀 토르티아(25cm 정도) 1장
　　　모차렐라 치즈 50g, 체더 치즈 혹은 페퍼 잭 치즈 50g

곁들이기　고수 약간, 청양고추 1개, 사워크림 약간
　　　멕시칸 살사(4권 『감자와 토마토』 40쪽 참조) 약간

----------------------- **만드는 법** -----------------------

01｜ 팬이나 그릴에 레몬에 재운 닭가슴살을 구운 뒤 잠시 식혀서 길게 자른다.

02｜ 양상추와 양파는 잘게 잘라놓고 쪽파와 블랙 올리브는 둥글게 채 썬다.

03｜ 토르티아에 각종 치즈를 반 정도 깔고 구운 닭가슴살을 얹고 양상추, 양파, 쪽파, 블랙 올리브를 모두 넣은 뒤 남은 치즈를 얹은 다음 반으로 접어 팬이나 그릴에 낮은 불로 치즈가 녹도록 굽는다.

04｜ 기호에 맞춰 고수나 청양고추를 넣는다.

05｜ 완성이 되면 사워크림, 살사 등과 함께 낸다.

CHICKEN BREAST RANGOON

중국식 닭가슴살 만두튀김

북아메리카에서 자주 해 먹는 요리로 크림치즈와 게살이 들어 있는 중국식 만두튀김인 '랑군' 소에 게살 대신 닭가슴살을 넣어보면 어떨까 만들어본 레시피이다. 중국인 2세 요리사가 그랬다, 게살 랑군보다 좋다고.

4인분 · 30분

재료　레몬에 재워 익힌 닭가슴살 150g, 크림치즈 120g, 양파 가루 약간
　　　마늘 가루 약간, 우스터 소스 1/4작은술, 간장 1/4작은술, 소금 약간
　　　후추 약간, 만두피 20장, 튀김용 기름 약간

만드는 법

01│ 크림치즈는 상온에서 부드럽게 녹여둔다.

02│ 튀김 기름은 190°C 정도에 맞춰둔다.

03│ 크림치즈에 다진 닭가슴살, 양파 가루, 마늘 가루, 우스터 소스, 간장, 소금, 후추를 모두 넣고 잘 섞어서 소를 만든다.

04│ 만두피에 만들어놓은 닭가슴살 소를 1작은술 정도 넣고 (고래 모양으로) 빚은 뒤 냉동실에 잠시 넣어서 모양을 잡는다.

05│ 튀김용 기름에 2~3분 튀겨낸다.

TIP

• 만두나 튀김을 할 때 만두피나 빵가루처럼 마른 튀김 옷을 입혀 튀긴다면 냉동실에 5~10분 넣어두면 모양이 더 잘 잡힌다.

TORTILLA CHICKEN SOUP

토르티야 치킨 수프

멕시코 로스카보스로 떠난 신혼여행의 아침, 매일 데킬라의 숙취로부터 날 구해준 음식

--------- **4인분 · 1시간** ---------

재료 케이준에 재운 닭가슴살 혹은 생닭가슴살 3덩이, 토르티야(옥수수) 8장
양파 1개, 마늘 6알, 다진 고수 1/3컵, 식용유 6큰술, 홀토마토 550g
큐민 가루 1큰술, 칠리 파우더 1큰술, 월계수 잎 2장, 닭 육수 4컵
소금 약간, 후추 약간, 케이얀 페퍼 2작은술, 아보카도 1개, 사워크림 약간
체더 치즈(분쇄) 혹은 몬테리 잭 치즈 약간

--------- **만드는 법** ---------

01 | 케이준 닭가슴살을 팬에 구워 익혀둔다.

02 | 양파와 마늘, 고수, 토르티야 6장은 곱게 다지고 토르티야 2장은 길게 잘라둔다.

03 | 냄비에 식용유를 두르고 다진 토르티야, 다진 양파와 마늘, 고수를 3분 정도 볶는다.

04 | 홀토마토를 체에 받쳐서 넣으면서 건더기는 손으로 으깨 넣어주고 한소끔 끓인다.

05 | 큐민 가루와 칠리 파우더, 월계수 잎을 넣고 닭 육수를 넣은 뒤 잘 끓여준다.

06 | 불을 줄이고 30분 정도 졸이면서 소금, 후추, 케이얀 페퍼를 넣어 간을 맞춘다.

07 | 닭가슴살을 잘게 찢은 뒤 분량의 2/3를 수프에 넣고 5분 정도 끓이면서 월계수 잎은 건
져낸다.

08 | 길게 잘라둔 토르티야를 기름에 살짝 튀겨둔다.

09 | 그릇에 수프를 담고 남은 닭가슴살을 올리고 잘게 자른 아보카도와 사워크림, 치즈,
튀긴 토르티야를 얹는다.

CHICKEN CORN CHOWDER

치킨 콘 차우더

아내가 무대에 서는 직업을 가지고 있기에 겨울에 추운 무대에서 공연할 때 따뜻한 걸 먹고
싶어한다는 걸 안다. 그런데 셰프의 아내가 컵라면이라니… 겨울 아침 40분만 투자하면 셰
프의 아내가 된 것을 후회하지 않게 해줄 수 있다.

4인분 · 40분

재료 레몬에 재운 닭가슴살 혹은 생닭가슴살 3덩이, 감자 2개, 청양고추 2개
양파 1개, 셀러리 1대, 옥수수 캔 1/2개, 옥수수 알(냉동) 1컵, 버터 3큰술
중력분 2큰술, 우유 2 1/2컵, 타임(건) 1/2작은술, 케이안 페퍼 약간
소금 약간, 후추 약간

만드는 법

01 닭가슴살을 팬에 굽거나 식초를 약간 넣은 물에 삶아둔다.

02 익힌 닭가슴살을 가로세로 1cm 크기로 잘라둔다.

03 감자는 껍질을 벗겨서 소금을 약간 넣은 끓는 물에서 삶거나, 반으로 잘라 볼에 넣고
뚜껑을 덮은 뒤 물 4큰술 정도 넣고 전자레인지에 넣어 8분 정도 익힌다.

04 청양고추, 양파, 셀러리는 잘게 다지고 옥수수 캔은 체에 받쳐 물기를 빼둔다.

05 냄비에 버터를 넣고 청양고추, 양파, 셀러리를 3분 정도 볶다가 중력분을 넣고 1분 정
도 더 볶는다.

06 ⑤의 냄비에 우유, 가로세로 2cm로 자른 익힌 감자, 냉동 옥수수 알, 캔 옥수수, 잘라
둔 닭고기, 타임, 케이안 페퍼와 함께 넣고 한소끔 끓인 뒤 잘 저으면서 소금과 후추로
간을 한다.

버번 치킨

이름으로 역사를 알 수 있는 요리다. 미국 루이지애나주 뉴올리언스의 버번 스트리트에 위치한 중식당에서 만들어서 이름이 '버번 치킨'이다. 하지만 버번 위스키는 안 들어간다.

4인분 · 40분

재료 닭가슴살(150g~160g) 5덩이, 마늘 2알, 다진 생강 1/2작은술
태국 고추(건) 3개, 양파 1/2개, 올리브유 2큰술, 오렌지 주스 1/4컵
황설탕 1/3컵, 케첩 2큰술, 애플사이다 식초 1/2큰술, 발사믹 식초 1/2큰술
물 1/2컵, 간장 1/4컵, 소금 약간, 흑후추 약간

곁들이기 쪽파 혹은 고수 약간, 밥 적당량

만드는 법

01 | 닭가슴살을 가로세로 2cm 크기로 자르고 소금과 흑후추를 약간 뿌려둔다.

02 | 다진 마늘과 생강, 곱게 다진 태국 고추, 닭가슴살 사이즈로 자른 양파를 준비해둔다.

03 | 팬에 올리브유를 두르고 닭가슴살을 옅은 갈색이 돌도록 익힌다.

04 | 닭가슴살을 옮겨두고 팬에 양파를 넣고 볶다가 마늘, 생강, 태국 고추 순으로 넣고 살짝 볶은 뒤에 소금, 후추를 제외한 모든 재료를 넣고 소스를 만든다.

05 | 소스가 약간 끈적해지면 구워둔 닭가슴살을 넣고 불을 약하게 낮춘 뒤 10~15분 졸이고 필요하면 소금과 후추로 간을 더한다.

06 | 완성되면 쪽파나 고수를 썰어 올리고 밥과 함께 낸다.

BOURBON CHICKEN

CHICKEN LAZONE

루이지애나 치킨 구이

내 요리에는 유달리 미국 루이지애나주 스타일이 많다. 그 이유는 프랑스계가 많이 사는 루이지애나주에서 요리했던 프랑스계 캐나다인 크리스토퍼와 함께 일했기 때문이다. 그 시절이 고스란히 담긴 레시피이다. 메르시, 크리스!

4인분 · 30분

재료　닭가슴살(각 150g~160g) 4덩이, 칠리 파우더 2작은술, 어니언 파우더 2작은술
　　　　갈릭 파우더 2작은술, 마늘 1알, 버터 1/4컵, 화이트와인 약간
　　　　생크림 1/2컵, 소금 약간, 흑후추 약간

만드는 법

01 | 닭가슴살에 소금, 흑후추, 칠리 파우더, 어니언 파우더, 갈릭 파우더를 묻혀서 10분 정도 재워둔다.

02 | 팬에 다진 마늘과 버터 반을 넣고 낮은 불에서 녹이다가 닭가슴살을 넣고 중간 불에서 한 면당 3분 정도 익힌다.

03 | 팬에서 녹은 버터는 다른 그릇으로 옮겨두고, 화이트와인을 넣고 불을 붙여 알코올을 날린 뒤에(생략해도 좋다) 와인이 졸아들면 다시 녹은 버터와 생크림을 넣고 3분 정도 약한 불에서 졸인다.

04 | 나머지 버터를 넣고 다시 3분 정도 졸이다가 필요하면 소금과 후추로 간을 한다.

CHICKEN PARMESAN

파르메산 치킨 구이

언제까지 기름 속에서 튀긴 치킨가스에 카레만을 부어 먹을 것인가.

4인분 · 40분

재료 닭가슴살(각 150g~160g) 4덩이, 소금 약간, 후추 약간, 빵가루(건) 1/2컵
콘플레이크 1/2컵, 달걀 2개, 버터 2큰술
토마토소스(4권 『감자와 토마토』 34쪽 참조 혹은 시판용) 2컵, 모차렐라 치즈(분쇄) 1컵
파르메산(분쇄) 2큰술, 파슬리 혹은 바질 약간

만드는 법

01│ 닭가슴살을 반으로 떠서(버터 플라이) 넓게 편 다음 랩으로 덮고 방망이나 망치로 쳐서
1cm 정도 두께로 만든 뒤에 소금과 후추를 뿌려둔다.

02│ 빵가루는 다시 한 번 곱게 다지고 콘플레이크도 다져서 잘 섞는다.

03│ 달걀을 풀어 달걀물에 닭가슴살을 묻힌 뒤 ②의 가루 옷을 꾹꾹 눌러 묻힌다.

04│ 팬에 버터를 녹이고 닭가슴살을 한 면당 5분 정도 익힌 뒤에 다른 접시로 옮긴다.

05│ 같은 팬에 토마토소스를 넣고 잠시 끓인 뒤 불을 약하게 낮춰서 구워둔 닭가슴살을 넣
고 모차렐라 치즈와 파르메산 치즈를 뿌리고 팬에 뚜껑을 닫아 치즈를 녹인다.

06│ 마무리로 바질이나 파슬리를 뿌려준다.

WHITE CHILI CHICKEN

화이트 칠리 치킨

빨간색 소고기에는 빨간색 칠리를 끓이고, 하얀색 닭고기에는 하얀색 칠리를 끓인다. 그러고는 화이트 칠리를 더 맵게 만든다. 그래야 사람들이 놀라니까.

4인분 · 1시간

재료 닭가슴살(각 150g~160g) 4덩이, 갈릭 파우더 2작은술, 소금 약간
백후추 약간, 양파 1개, 마늘 2알, 흰 강낭콩(카넬리니 빈) 2캔
청양고추 6개, 식용유 1큰술, 오레가노(건) 1작은술, 케이얀 페퍼(건) 1작은술
닭 육수 400ml, 생크림 1/2컵, 사워크림 1/4컵

만드는 법

01| 닭가슴살을 가로세로 1cm 크기로 자른 뒤 갈릭 파우더, 소금, 백후추를 뿌려둔다.

02| 양파와 마늘은 잘게 다져놓고 강낭콩은 캔에서 꺼내 물에 씻어둔다.

03| 청양고추는 반으로 잘라서 씨를 빼고 잘게 다져둔다.

04| 팬에 식용유를 두르고 양파와 닭가슴살을 넣고 고기가 익을 정도로 볶다가 마늘을 넣고 다시 1분 정도 더 볶는다.

05| 강낭콩을 넣고 1분 정도 볶다가 청양고추와 오레가노, 케이얀 페퍼를 넣은 뒤 닭 육수를 넣고 한소끔 끓인다.

06| 불을 줄이고 30분 정도 졸인 뒤에 불을 끄고 생크림과 사워크림을 넣어 섞은 다음 다시 불을 켜고 한소끔 끓인 뒤 소금으로 간을 한다.

THAI CHICKEN BREASTS

태국식 닭가슴살 구이

태국 바질도 없고 태국 생강인 갈랑가도 없던 레스토랑에서 태국식 요리를 해주었던 나의
옛 동료. 그에게 배운 태국식 퓨전 요리

4인분 · 50분

재료　닭가슴살(각 150g~160g) 4덩이, 마늘 3알, 생강 1개, 태국 고추(건) 2개
　　　　깍지콩 200g, 소금 약간, 흑후추 약간, 중력분 1/2컵, 올리브유 2큰술
　　　　간장 3큰술, 황설탕 1/2컵, 식초 1/2컵, 피시 소스 2작은술

만드는 법

01｜ 마늘과 생강은 아주 곱게 갈아준 뒤 곱게 다진 태국 고추와 섞어둔다.

02｜ 깍지콩은 소금을 약간 넣은 물에 삶아둔다.

03｜ 중력분에 소금과 후추를 잘 섞어둔다.

04｜ 닭가슴살에 아주 얇게 칼집을 낸 뒤에 소금과 흑후추를 섞은 밀가루에 묻혀서 10분 정
　　 도 놔둔다.

05｜ 팬에 올리브유를 조금 두르고 중간 불에서 닭가슴살을 잘 구운 뒤 꺼내어 뚜껑을 덮어
　　 둔다.

06｜ 닭가슴살을 구운 팬에 마늘, 생강, 태국 고추를 넣고 2분 정도 볶다가 간장, 황설탕, 식
　　 초, 피시 소스를 넣고 한소끔 끓인 뒤 불을 줄여서 설탕이 모두 녹아 농도가 잡히도록
　　 한다.

07｜ 닭고기와 깍지콩 위에 소스를 뿌리거나 소스에 닭고기와 깍지콩을 넣어 살짝 익힌다.

CHICKEN STEW

치킨 스튜

이 레시피대로 토마토와 닭고기가 육수 안에서 함께 한동안 끓고 나면 세상에서 가장 훌륭
한 스튜가 만들어진다는 것을 누구나 알게 될 것이다.

4인분 · 1시간 10분

재료　닭가슴살(각 150g~160g) 2덩이, 닭다리(허벅지살) 2쪽, 감자 2개, 당근 2개
　　　　양파 2개, 마늘 3알, 카놀라유 1/4컵, 월계수 잎 2장, 홀토마토 400g
　　　　닭 육수 2컵, 타임(전) 1작은술, 소금 약간, 흑후추 약간
　　　　옥수수 전분(Option) 2큰술

만드는 법

01│ 감자는 가로세로 3cm, 당근은 가로세로 1cm 두께로 잘라놓는다.

02│ 양파와 마늘은 곱게 다진다.

03│ 닭가슴살과 닭다리 허벅지살은 뼈를 바르고 껍질을 벗긴 뒤에 가로세로 2cm 크기로
　　 잘라 소금과 후추를 뿌려놓는다.

04│ 냄비에 기름을 두르고 다진 양파를 2분 정도 볶다가 허벅지살과 다진 마늘을 넣고 3분
　　 정도 더 볶는다.

05│ ④에 월계수 잎, 으깨놓은 홀토마토, 닭 육수를 넣고 중간 불에서 10분 정도 졸인다.

06│ 타임, 감자, 당근, 닭가슴살을 넣고 센 불에서 한소끔 끓인 다음 뚜껑을 덮고 중간 불에
　　 서 30분 정도 졸인다.

07│ 소금으로 간을 하고 농도가 있는 스튜를 원한다면 옥수수 전분을 물에 타서 넣는다.

치킨 크로켓

원래 크로켓은 우유와 버터, 감자만 넣어도 맛있다. 그것도 좋지만 오늘은 닭다리 살을 넣은 크로켓을 만들어보면 어떨까? 재료 하나로 근사한 요리가 탄생한다.

―――――――――――― **4인분 · 1시간** ――――――――――――

재료　닭다리(허벅지살) 1개, 마늘 2개, 올리브유 1큰술, 양파 1/2개, 버터 6큰술
　　　중력분 8큰술, 우유 150ml, 파슬리(생) 1큰술, 달걀 1개
　　　빵가루 1컵, 소금 약간, 후추 약간, 튀김용 기름 약간

곁들이기　레몬 아이올리(92쪽 참조) 약간, 레몬 1개

―――――――――――― **만드는 법** ――――――――――――

01 | 허벅지살의 뼈를 발라낸 뒤 소금과 후추를 약간 뿌리고 다진 마늘과 함께 올리브유를 두른 팬에 구워 따로 식혀둔다.

02 | 잘게 다진 양파도 팬에 익혀서 꺼내둔다.

03 | 약한 불에 녹인 버터를 중력분 6큰술에 섞어 2분 정도 저으면서 루(roux)를 만들고, 여기에 우유를 조금씩 넣어서 반죽을 만들어둔다.

04 | 곱게 다진 허벅지살, 익힌 양파, 파슬리를 반죽에 넣어 섞은 뒤 소금과 후추로 살짝 간을 하고 냉장고에 10분 정도 보관해서 굳힌다.

05 | 반죽을 4덩이로 나누어 모양을 잡고 중력분 2큰술을 잘 묻힌 뒤 달걀을 푼 물에 담갔다가 빵가루를 입히고 냉동실에 20분 정도 보관해서 모양을 잡는다.

06 | 튀김용 기름을 180°C에 맞춘 뒤 노릇하게 잘 튀긴다.

07 | 레몬 아이올리와 레몬을 함께 낸다.

CHICKEN CROQUETTES

CHICKEN STUFFING RAVIOLI WITH ROSE SAUCE

로제 소스 치킨 라비올리

요리를 한 지 20년, 바로 이 요리가 요리사로써 처음부터 끝까지 혼자서 온전히 만든 요리였고, 돈을 받고 처음으로 판매한 요리였다. 더불어 칭찬도…!

———————————— **4인분 · 1시간 30분** ————————————

재료　　닭다리(허벅지살) 4개, 파스타 도우(생, 100cm 길이, 76쪽 참조) 2장
　　　　　양파 1개, 시금치 400g, 식용유 약간, 빵가루 1컵
　　　　　파르메산 혹은 페카리나 치즈(분쇄) 1/2컵, 다진 파슬리(생) 2큰술
　　　　　달걀 4개, 소금 약간, 후추 약간

소스 재료　토마토소스(4권 『감자와 토마토』 34쪽 참조 혹은 시판용) 1 1/2컵, 올리브유 약간
　　　　　양파 1/2개, 마늘 2개, 생크림 1/2컵, 파르메산 치즈(분쇄) 1/4컵
　　　　　소금 약간, 후추 약간, 바질(생) 10장

———————————————— **만드는 법** ————————————————

01| 닭다리 허벅지살에 소금과 후추를 약간 뿌려 팬에 굽거나 식초를 약간 넣은 물에 삶아둔다.

02| 생면 파스타 도우는 길게 밀어서 2장 준비해둔다.

03| 양파는 곱게 자르고 다진 시금치와 함께 식용유를 살짝 두르고 볶아 식힌다.

04| 큰 볼에 닭고기를 아주 작게 잘라 넣고 식힌 양파와 시금치, 빵가루, 치즈, 다진 파슬리를 넣고 달걀을 3개 넣은 뒤 잘 섞어주고 소금과 후추로 간을 한다.

05| 파스타 도우를 한 장 깔고 ④의 내용물을 적당히 얹은 뒤에 달걀을 하나 풀어서 파스타 가장자리와 소의 둘레에 묻히고 다른 파스타 도우를 위에 덮는다. 모양에 맞춰서 잘라 라비올리를 만든다.

06| 라비올리를 삶아서 올리브유를 살짝 묻혀둔다.

07| 소스를 만들 팬에 올리브유를 두르고 분량의 다진 양파와 마늘을 볶다가 토마토소스를 넣고 끓어오르면 생크림을 넣고, 치즈를 넣어 녹으면 소금과 후추로 간을 해서 로제 소스를 만든다.

08| 라비올리를 소스에 넣고 잠시 볶은 뒤 접시에 담고 바질을 올린다.

PAKISTANI CHICKEN CURRY

파키스탄 치킨 커리

주방에는 항상 인도나 스리랑카, 파키스탄에서 온 친구들이 있었다. 그중에서 가끔 스태프 식사를 할 때면 정말 멋진 현지 음식을 해주던 친구가 있었다. 잘 지내고 있지, 아비스?

———————————— **4인분 · 1시간 30분** ————————————

재료　닭다리(허벅지살) 450g, 양파 1개, 생강(간 것) 2큰술, 마늘 3알
　　　　홀토마토(캔) 370g, 식용유 2큰술, 강황 가루 3작은술, 칠리 파우더 2작은술
　　　　베트남 고추(건) 4개, 소금 1 1/2작은 술 + 약간, 녹인 버터 2큰술
　　　　큐민 가루 3작은술, 코리안다 가루 3작은술, 고수 잎 1/2컵
　　　　물 혹은 닭 육수(Option) 약간

———————————————— **만드는 법** ————————————————

01｜ 양파와 생강은 강판에 갈아두고 마늘은 다진다.

02｜ 닭다리 허벅지살은 뼈와 껍질을 제거한 뒤에 반으로 잘라서 소금을 약간 뿌려둔다.

03｜ 홀토마토는 체에 받쳐서 즙을 빼고 건더기만 다진 뒤 즙은 반만 따로 모아둔다.

04｜ 큰 팬에 식용유를 두르고 중간 정도 불에 갈아놓은 양파와 다진 마늘을 넣고 2분 정도
　　 볶다가 닭고기와 강황 가루, 칠리 파우더, 다진 베트남 고추, 소금 1 1/2작은술을 넣고
　　 5분 정도 굽는다.

05｜ 다진 홀토마토와 모아놓은 토마토 즙을 팬에 넣고 뚜껑을 닫은 뒤에 중간 불에서 20분
　　 정도 졸이다가 뚜껑을 열고 약한 불에 10분 정도 더 졸인다. 이때 수분이 너무 부족하
　　 면 약간의 물이나 닭 육수를 넣는다.

06｜ 녹인 버터와 큐민 가루, 코리안다 가루, 갈아둔 생강, 고수 잎을 넣고 5분 정도 더 졸인
　　 뒤에 필요하면 소금으로 간을 한다.

BUTTER CHICKEN

버터 치킨

캐나다에서 인도 사람들이 모여 살던 동네에 자주 가던 인도 식당이 있었다. 그곳에 가면 항상 커리나 탄두리보다 먼저 시키게 되던 버터 치킨. 그 맛을 재현하는 데 꽤 오랜 시간이 들었다.

──────────────── **4인분 · 50분** ────────────────

재료   닭다리(허벅지살) 450g, 샬롯 1개, 양파 1/4개, 마늘(간 것) 1큰술
생강(간 것) 1작은술, 소금 약간, 후추 약간
가람 마살라(인도의 매운 향신료) 1큰술, 카놀라유 2큰술, 버터 3큰술
레몬즙 2작은술, 칠리 파우더 1큰술, 큐민 가루 1작은술, 케이얀 페퍼 1큰술
월계수 잎 1장, 요구르트(플레인) 1/4컵, 생크림 1컵, 토마토 페이스트(캔) 1컵
옥수수 전분 1큰술, 물 1/4컵

──────────────── **만드는 법** ────────────────

01｜ 샬롯과 양파는 곱게 다지고 마늘과 생강은 아주 곱게 갈아서 페이스트를 만든다.

02｜ 닭다리 허벅지살은 껍질을 벗기고 뼈를 제거한 뒤에 3cm 정도로 적당히 잘라서 소금과 후추, 가람 마살라 1/2큰술을 약간 뿌려둔다.

03｜ 팬을 두 개 준비한 뒤 첫 번째 팬에 카놀라유 1큰술을 두르고 중간 불에서 샬롯과 양파를 갈색이 나도록 볶다가 버터, 레몬즙, 생강마늘 페이스트, 가람 마살라 1/2큰술, 칠리 파우더, 큐민 가루, 케이얀 페퍼, 월계수 잎을 넣고 2분 정도 볶는다.

04｜ 볶던 양파 등에 토마토 페이스트를 넣고 2분 정도 끓이다가 불을 줄이고 요구르트와 생크림을 넣고 약한 불에서 10분 정도 졸인 뒤 소금과 후추로 간을 한다.

05｜ 다른 팬에 카놀라유 1큰술을 넣고 닭고기를 갈색이 나도록 굽는다.

06｜ 구운 닭고기에 ④의 소스를 조금씩 뿌려가면서 졸이듯이 익힌다.

07｜ 옥수수 전분과 물을 섞어서 졸인 닭고기에 붓고 5~10분 농도를 잡아가며 익힌다.

닭고기 수제비

함께 일하던 요리사 중에 퀘벡 출신이 많았다. 그 친구들이 겨울이면 함께 먹자고 만들어주던 프랑스와 캐나다의 퓨전 음식인데 한국말로 해보자면, '닭고기를 넣은 수제비' 정도가 되겠다.

4인분 · 3시간

재료　닭(2kg) 1마리, 물 2L + 약간, 양파 2개, 셀러리 2대, 월계수 잎 2장
　　　　밀가루(중력분) 3컵, 달걀 1개, 소금 약간, 후추 약간

만드는 법

01| 깨끗이 씻은 닭을 껍질을 모두 벗겨내고 냄비에 넣어 닭고기가 잠길 때까지 물을 넣은 뒤 잘게 자른 양파와 셀러리, 월계수 잎을 넣어 2시간 정도 냉장 삶는다.

02| 닭고기를 삶을 동안 밀가루와 달걀, 물을 넣고 반죽을 만들어 1시간 정도 냉장 숙성한다.

03| 다 삶은 닭은 꺼내서 식힌 뒤 살을 모두 발라내고, 국물에 뜬 기름은 한 번 정도 거둬내고 월계수 잎도 건져낸다.

04| 숙성된 반죽은 꺼내서 밀어, 넓은 칼국수처럼 자르거나 손으로 뜯어서 모양을 만든다.

05| 국물에 반죽을 넣고 익히면서 국물이 졸아들어 소스처럼 되면 닭고기를 넣고 소금, 후추로 간을 한다.

TIP

• 만약 국물이 많기를 원하면 처음부터 물을 더 잡아서 육수를 끓여준다.

CHICKEN & SLIDERS

JAMAICAN JERK SAUCE CHICKEN

자메이카 특제 소스 치킨

토론토 클레어 거리(St. Clair)에 가면 자메이카 이민자가 운영하던 레스토랑이 있었다. 그곳의 끝내주는 닭 요리를 재현하고 싶은 마음에 레시피를 만들었다. 결과는 성공!

2인분 · 24시간 재움, 30분 조리

재료 닭(800g~900g) 1마리, 설탕 약간

마리네이드 재료(Jerk Sauce) 라임 1/2개, 식초 1큰술, 마늘 3알, 생강 2cm 크기
청양고추 2개, 홍고추 2개, 양파 1/8개, 쪽파 1대, 올스파이스 1작은술
케이얀 페퍼 2큰술, 시나몬 파우더 1작은술, 타임(건) 1작은술
너트맥 가루 1/4작은술, 흑설탕 2작은술, 소금 약간
흑후추 약간, 올리브유 3큰술 + 약간

만드는 법

01 | 닭은 잘 씻어 물기를 제거하고 뼈를 발라 8등분으로 나눈 뒤 칼집을 내고 설탕을 조금 뿌려둔다.

02 | 라임은 즙을 내고, 식초, 마늘, 생강, 청양고추, 홍고추, 양파, 쪽파와 함께 믹서에 갈아준 뒤에 그릇에 옮겨 담고, 나머지 향신료들을 모두 넣고 잘 섞어준다.

03 | 소금과 후추를 넣고 간을 본 뒤에 올리브유를 3큰술 넣고 섞어 특제 소스(Jerk Sauce)를 만든다.

04 | 닭고기에 소스를 골고루 발라서 24시간 정도 냉장고에서 재운다.

05 | 냉장고에서 꺼내 상온과 같은 온도로 맞춘 뒤 올리브유를 살짝 바른 그릴이나 팬에 굽는다.

치킨 윙

북아메리카의 바나 레스토랑에 가면 어디서나 볼 수 있는 아주 기본적이고 대중적인 음식
이다. 마치 한국의 '치킨집'처럼.

───── **4인분 · 2시간 30분** ─────

재료　닭날개 30개, 물 200ml, 옥수수 전분 300g, 소금 약간, 흑후추 약간
　　　　카놀라유(튀김용) 3L

───── **만드는 법** ─────

01 | 닭날개를 3등분 해서 가장 끝부분은 버리고 가운데 윙과 봉은 찬물에 깨끗하게 씻어준다.

02 | 압력솥에 물을 붓고 찜기용 받침을 놓은 다음 닭날개를 넣고 15분 정도 센 불로 끓여
　　　익힌 뒤 15분 정도 그대로 두고 뚜껑을 들어 김을 자연스럽게 뺀다.

03 | 닭날개를 꺼내서 겹치지 않게 놓은 뒤에 냉장고에서 1시간 30분 정도 굳힌다.

04 | 닭날개에 옥수수 전분을 충분히 묻힌 뒤 10분 정도 상온에 그대로 둔 뒤에 200°C 기름
　　　에 두 번 튀겨내고 소금과 흑후추를 뿌린다.

05 | 튀긴 닭날개를 버팔로 스타일 핫소스나 허니 갈릭 소스에 잘 버무려준다.

버팔로 스타일 핫소스

재료　마가린 100g, 핫소스(루이지애나 핫소스) 50ml

만드는 법　마가린을 전자레인지에 녹여서 핫소스를 섞어준다.

허니 갈릭 소스

재료　물 1큰술, 간장 3큰술, 레몬즙 2큰술, 흑설탕 1/4컵, 꿀 1/3컵
　　　　마늘 가루 1큰술, 다진 생강 1/2작은술

만드는 법　작은 냄비에 물, 간장, 레몬즙을 넣고 약한 불에서 흑설탕을 넣어 녹인 뒤 꿀,
　　　　　　마늘 가루, 다진 생강을 넣어 잘 섞은 다음 식힌다.

CHICKEN WINGS

CHICKEN BRINE

닭 염지법

조리용 염지액에 닭을 담가 닭고기 속 염분의 농도를 올려서 고기가 수분을 흡수하면서도
미오신 분자들을 염지액 안에서 녹여…… 자, 더 과학적인 원리는 잘 모르겠고 쉽게 말해
염지법, 살 속까지 간이 배어들게 하는 염.지.법! 집에서 누구나 간단하게 하는 염.지.법!
이것만 잘해두면 대충 튀겨도 웬만한 프랜차이즈 닭튀김 못지않게 맛있다.

--------------------- **닭 1마리 · 6시간** ---------------------

재료　　닭고기(800g~900g) 1마리, 물 2L, 소금 6큰술, 설탕 4큰술, 청주 1/2컵
　　　　　마늘 3쪽, 파(파란 부분) 2대

--------------------- **만드는 법** ---------------------

01｜ 파와 마늘은 살짝 눌러서 으깨놓는다.

02｜ 냄비에 닭을 제외한 모든 재료를 넣고 정확하게 1분만 펄펄 끓인 뒤 완전하게 식혀 염
지액을 만든다. 짠 정도는 개인의 취향에 맞게 조절한다.

03｜ 완전히 식힌 염지액에 닭을 푹 잠기도록 넣고 랩을 씌운 뒤 6시간 정도 냉장실에서 재
운다.

04｜ 사용하기 전에 염지액을 완전하게 제거하고 닭아낸 뒤에 요리한다.

CHICKEN STOCK

닭 육수

닭 요리를 사랑한다면 이 정도는 만들어두고 사용하자.

―――――――――――― **15L · 4시간 30분** ――――――――――――

재료　닭뼈 2kg, 당근 2개, 양파 3개, 셀러리 2대, 파슬리 줄기 6대, 로즈메리(건) 1큰술
　　　파슬리(건) 1큰술, 파슬리(생) 줄기 6대 분량, 타임(건) 1큰술
　　　월계수 잎 4장, 통후추 20알, 물(냄비를 채울 분량)

―――――――――――――― **만드는 법** ――――――――――――――

01｜ 닭뼈는 찬물에 담가 1시간 정도 피를 뺀 뒤에 물기를 제거한다.

02｜ 모든 채소를 듬성듬성 썰어 냄비에 넣고 처음 20분을 센 불에서 끓이고 난 뒤 모든 허
　　　브를 넣고 2시간 정도 중간 불에서 끓인 다음 다시 30분을 센 불에 팔팔 끓인다.

03｜ 차이나 캡(거르개 혹은 체)에 육수를 거르고 하루를 식힌 뒤에 기름을 완전히 거두어 사
　　　용한다.

―――――――――――――――― **TIP** ――――――――――――――――

• 첫 번째 육수를 만들고 남은 재료는 다시 물을 부어 한 번 더 끓인 뒤에 냉동해 놓았다가 다음 번 육수
　를 끓일 때 기본 국물로 사용한다.
• 육수에 전부 물을 넣는 대신 얼음을 채운 뒤에 물을 넣으면 더 진하게 첫 번째 육수를 얻을 수 있다.

달걀 02_EGG

10RECIPES

Hard Boiled Egg Restaurant Style

Deviled Eggs

Pickled Eggs

Eggs in Purgatory

Snack Pancake

Crepe Batter

Bitter Chocolate Mousses

Egg Nog

Egg Noodle

Pasta Dough

HARD BOILED EGG RESTAURANT STYLE

삶은 달걀(레스토랑 스타일)

누구나 다 알고 있는 달걀 삶기이지만 요리사들은 팔기 위해 만든다. 그 이유 하나만으로도
2시간 50분이 걸린다. 레스토랑의 삶은 달걀이 특별한 이유다.

12개 · 2시간 50분

재료   달걀 12개, 소금 1큰술

만드는 법

01│ 달걀을 냄비에 넣고 달걀이 딱 잠길 만큼만 물을 넣는다.

02│ 소금을 넣은 뒤 뚜껑을 덮고 센 불에 올려서 8분 정도 익힌 다음 불을 끄고 뚜껑을 계속
덮은 채 15분 정도 놔둔다.

03│ 커다란 볼에 얼음물을 만들고 달걀을 넣은 뒤 2시간 이상 냉장 보관을 한 뒤에 껍질을
벗긴다.

DEVILED EGGS

데블드 에그

캐나다의 그 어떤 하우스 파티에 가더라도 항상 볼 수 있는 파티용 시그니처 요리. 그리고
어느 레스토랑에 가더라도 있는 입맛 당기는 그 달걀 요리

4인분 · 20분

재료 삶은 달걀 8개, 마요네즈(80쪽 참조) 4큰술, 옐로 머스터드 2작은술
우스터 소스 약간, 후추 약간, 소금 약간, 케이얀 페퍼 약간

만드는 법

01｜ 완숙 달걀을 세로로 반 자른 뒤 달걀 노른자를 꺼내서 체에 올려 곱게 갈아낸다.

02｜ 마요네즈와 달걀 노른자, 옐로 머스터드, 우스터 소스, 후추, 소금을 잘 섞는다.

03｜ ②의 소스를 짤주머니에 넣어 잘라둔 달걀 흰자 가운데에 다시 채워 넣은 뒤 케이얀 페
퍼를 살짝 뿌린다.

PICKLED EGGS

달걀 피클

한국 사람들에게는 달걀 피클이 생소할지도 모르나 북아메리카의 어느 바를 가더라도 쉽게 볼 수 있는 스낵이다. 만화 『심슨네 가족들(The Simpsons)』에서 바 장면에 항상 보이는 바로 그 피클!

2인분 · 4시간 40분

재료 삶은 달걀 8개, 설탕 1/2컵, 식초(백식초) 1/2컵, 물 1/2컵, 계피 가루 1/2작은술 소금 4큰술, 통후추 1큰술, 월계수 잎 2장, 비트(Option) 1/2개

만드는 법

01| 유리병이나 플라스틱 용기를 깨끗이 씻은 뒤에 끓는 물로 소독하여 말린다.

02| 완숙 달걀의 껍질을 잘 벗기고 병에 넣어둔다.

03| 소스 팬에 설탕, 식초, 물, 계피 가루, 소금, 통후추, 월계수 잎을 넣고 설탕이 완전히 녹을 때까지 끓여서 피클 물을 만든 뒤 뜨거운 그대로 달걀이 들어 있는 병에 넣고 뚜껑을 닫은 채 4시간 이상 상온에서 식힌다.

04| 만약 달걀 피클에 비트의 보라색을 물들이고 싶으면 물 1컵에 비트 1/2개를 까서 넣고 졸여서 절반이 되도록 만든 뒤에 피클 물을 만들 때 맹물 대신 넣는다.

EGGS IN PURGATORY

지옥에 빠진 달걀

흔히 '에그 인 헬'이라고도 한다. 마땅히 먹을 게 없을 때 초간단으로 만드는 포르투갈식 달걀 요리

2인분 · 15분

재료   마늘 1알, 양파 1/4개, 올리브유 약간
　　　　토마토소스(4권 『감자와 토마토』 34쪽 참조 혹은 시판용) 1컵, 오레가노(건) 약간
　　　　바질(생) 약간, 파프리카(빨강, 초록) 약간씩, 달걀 4개, 영양부추 약간
　　　　파르메산 치즈 약간, 소금 약간, 후추 약간

만드는 법

01 | 코팅된 팬에 올리브유를 두르고 다진 마늘과 양파를 익힌다.

02 | 토마토소스와 오레가노, 바질, 씨를 빼고 가로세로 1cm 정도로 자른 파프리카를 넣고 6~10분 소스 농도가 걸쭉해지도록 졸인 뒤에 소금과 후추로 간을 한다.

03 | 걸쭉한 소스를 팬에 넓게 펴고 달걀이 들어갈 만큼 구멍을 만들어서 달걀 4개를 넣고 소금과 후추, 치즈를 약간 뿌린 뒤에 4~5분 익혀 낸다. 마지막으로 잘게 다진 영양부추를 뿌린다.

SNACK PANCAKE

팬케이크

브런치나 아침이 아니라도 팬케이크는 언제나 좋은 간식이다. 나 어릴 때는 핫케이크라고
도 불렀는데… 추억을 부르는 음식이다.

--- **4인분 • 20분** ---

재료　　끓는 물 1컵, 우유 1컵, 달걀 2개, 설탕 4큰술, 밀가루(중력분) 2컵
　　　　　식용유 3큰술, 베이킹소다 1작은술, 소금 약간, 버터 약간

곁들이기　　베리, 연유, 바나나, 휘핑크림, 메이플 시럽 등

--- **만드는 법** ---

01｜ 작은 냄비에 물을 끓여둔다.

02｜ 볼에 우유와 달걀을 잘 풀고 설탕을 섞는다.

03｜ 체로 친 밀가루를 ②에 넣어 섞고 나머지 식용유, 베이킹소다, 소금을 넣어서 잘 섞어
　　　준다.

04｜ 끓여둔 물을 뜨거운 상태로 ③에 넣고 잘 섞어 반죽을 만든다. 이때 베이킹소다가 거
　　　품을 조금 낼 수 있다.

05｜ 프라이팬에 버터를 조금 넣고 굽는다.

06｜ 기호에 따라 베리, 연유, 바나나, 휘핑크림, 메이플 시럽 등을 올린다.

CREPE BATTER

크레이프

파티가 있던 날은 한 번에 크레이프를 100장씩 구웠다. 선배들은 항상 크페이프 200장을 한 번에 구워보지 않았다면 크레이프를 만들었다고 하지 말라고 했다.

--- **30장 · 20분** ---

재료   중력분 2 1/2컵, 소금 1큰술, 달걀 9개, 달걀 노른자 3개, 우유 2 1/4컵
물 1컵, 녹인 버터 6큰술, 식용유 약간

--- **만드는 법** ---

01| 밀가루와 소금을 체로 잘 친다.

02| 달걀과 달걀 노른자, 우유, 물을 잘 섞는다.

03| 달걀과 우유를 푼 물에 체로 친 밀가루를 천천히 넣어 섞으면서 반죽을 만든다.

04| 녹인 버터를 반죽에 섞는다.

05| 팬에 식용유를 아주 조금 두르고 헝겊이나 종이타월로 닦아낸 뒤 약한 불에 얇게 굽는다.

06| 완성이 되면 무엇이든 넣어서 싸거나 겹쳐서 먹는다.

BITTER CHOCOLATE MOUSSES

달콤 쌉쌀한 초콜릿 무스

초콜릿으로 만드는 디저트니까 어렵고 오래 걸릴 것이라 생각하는 분들을 위해 말씀을 드리자면, 냉장고에서 굳히는 3시간을 제외하면 20분 중에 휘핑크림을 쳐서 올리는 게 가장 오래 걸리는 일이다.

-------------------- **8인분 · 3시간 20분** --------------------

재료 초콜릿(카카오 75% 이상) 225g, 무염 버터 50g, 달걀 4개, 물 4큰술
브랜디 혹은 오렌지 리큐어 2큰술, 휘핑크림 혹은 생크림 90ml
아이싱 슈거(슈거파우더) 4큰술

도구 거품기, 베이킹 주걱

-------------------- **만드는 법** --------------------

01ㅣ 카카오 75% 이상 초콜릿을 잘게 자르고 무염 버터도 잘게 잘라둔다.

02ㅣ 달걀은 노른자와 흰자로 나눠둔다.

03ㅣ 작은 냄비에 초콜릿과 물을 넣은 뒤 약한 불로 서서히 녹이면서 브랜디나 오렌지 리큐어를 넣고 거품기로 섞는다.

04ㅣ 불을 아주 약하게 낮추어 달걀 노른자를 넣고 크림같이 되도록 섞어준 뒤 조금 식혀서 초콜릿 베이스를 만든다.

05ㅣ 휘핑크림이나 생크림을 저어서 몽글하게 만든 뒤 한 번에 한 숟가락씩 초콜릿 베이스에 섞는다.

06ㅣ 거품기로 달걀 흰자를 저어 거품처럼 만든 뒤 아이싱 슈거를 베이킹 주걱으로 곱게 섞는다.

07ㅣ ⑥의 달걀 흰자를 초콜릿 베이스에 넣어 베이킹 주걱으로 곱게 뒤집듯이 섞고 적당한 그릇에 담아 냉장고에서 3시간 정도 굳힌다.

EGG NOG

에그 녹

크리스마스에 터키와 트리만큼 중요한 것을 꼽으라면 에그 녹을 꼽는다. 크리스마스를 완성하는 달걀 음료라고 할 수 있다. 아이들을 위해서라면 럼은 빼더라도!

———————————————— **4인분 · 30분** ————————————————

재료 달걀 4개, 연유 140ml, 설탕 1큰술, 바닐라 익스트랙 1작은술
우유 4 1/2컵, 럼 110ml, 너트맥 가루 약간

도구 거품기

———————————————— **만드는 법** ————————————————

01│ 달걀은 노른자와 흰자로 나눠둔다.

02│ 큰 볼에 달걀 노른자가 끈적해질 때까지 거품기로 치다가 연유와 설탕, 바닐라 익스트랙, 우유를 넣고 잘 치면서 섞는다.

03│ 달걀 흰자는 따로 거품기로 거품을 만든 뒤에 ②에 섞는다.

04│ 럼을 천천히 따라 넣고 너트맥 가루를 조금 뿌린다.

———————————————— TIP ————————————————

- 우유를 못 먹거나 좋아하지 않을 때는 우유 대신 두유나 초콜릿 우유를 넣어도 되고 일반 우유에 초콜릿을 갈아서 녹인 뒤에 섞어도 좋다.
- 아이들용으로는 럼만 빼거나 바닐라 시럽을 약간 넣어도 좋다.

EGG NOODLE

에그 누들

예전에 감기로 고생할 때 함께 일하던 동료의 할머니가 만들어주신 잊지 못할 에그 누들.
치킨 수프 속에 파스타가 아닌 '캐나다식' 에그 누들을 넣어 부드럽고 따뜻하게 먹은 기억
이 있다.

4인분 · 2시간 30분

재료　　달걀 1개, 소금 1/2작은술, 우유 2큰술, 밀가루(중력분) 1컵
　　　　　베이킹파우더 1/2작은술

만드는 법

01｜ 달걀을 잘 풀어서 점막을 제거한 뒤에 소금과 우유를 섞어 달걀물을 만들어둔다.

02｜ 밀가루와 베이킹파우더를 체로 치면서 달걀물에 천천히 섞어 반죽해 둥글게 만든다.

03｜ 둥근 반죽을 원하는 두께로 밀대로 밀어서 넓게 편 뒤에 상온에서 20분 정도 굳힌다.

04｜ 밀가루를 조금 뿌리고 원하는 굵기로 자른 뒤 다시 2시간 정도 말린다.

05｜ 수프나 국물에 넣고 10분 정도 끓여서 익혀 먹는다.

TIP

• 만약 국수가 두껍게 되는 걸 원치 않으면 베이킹파우더를 빼고 만든다. 얇을수록 부드럽다.

• 만들어놓은 닭 육수가 있다면 바로 에그 누들을 넣어서 치킨 수프를 만들 수 있다.

PASTA DOUGH

파스타 도우

솔직하게 말해 파스타 메이커가 없다면 건면을 사 먹는 것이 더 편하고 경제적이다. 하지만
한 번 집에서 생면을 만들어 먹어보면 더 좋은 파스타 메이커와 도우 레시피를 찾게 된다.
이 레시피는 앞으로 그런 당신을 위한 가장 쉬운 생면 레시피이다.

10인분 · 1시간

재료　밀가루(중력분) 2컵 + 약간, 소금 약간, 달걀(중란) 5개

도구　파스타 메이커 혹은 밀대, 소주 혹은 보드카

만드는 법

01｜ 커다란 나무 도마나 싱크대 위를 소주나 보드카 등으로 닦아서 살균한다.

02｜ 소금을 섞은 밀가루를 도마나 싱크대 위에 산처럼 쌓아놓고 가운데를 파서 우물을 만
든다.

03｜ 달걀을 깨서 우물 속에 넣고 포크로 저은 뒤 밀가루와 잘 섞는다.

04｜ 얼마쯤 섞이기 시작하면 손으로 치대서 겉면이 매끄러워질 때까지 10분 정도 손으로
반죽을 한다.

05｜ 반죽을 30분 정도 상온에서 숙성한다.

06｜ 밀대를 사용할 경우, 한 번 밀고 접어서 다시 미는 것을 계속 반복해서 최대한 얇게 만
든 뒤에 원하는 모양이나 길이대로 자른다.

07｜ 파스타 메이커를 사용할 경우, 밀대로 한 번 밀어준 뒤에 파스타 메이커의 특성대로 접
어서 점점 얇게 만들어준다.

08｜ 생면은 바로 삶지 말고 약간 굳혔다가 삶아서 사용하는 것이 좋다.

TIP

• 파스타를 만들 때 사용하는 '스몰레나'라는 밀가루는 이탈리아산으로 구하기가 어렵고 가격도 비싸니
중력분으로 사용하되 절대 강력분이나 박력분은 사용하지 않도록 한다.

• 칼국수와 비슷한 과정이나 물 대신 달걀을 사용한다. 하지만 칼국수를 밀 때와는 다르게 너무 많은 밀
가루를 뿌리면서 밀거나 자르지 않는다.

• 원래 파스타는 반죽에 소금을 넣지 않고 만들고, 삶을 때 면수에 소금을 넣는 것이 이탈리아 방식이나
'스몰레나' 밀가루를 사용하지 않으므로 반죽에 소금을 넣는 것도 좋다.

• 달걀은 직접 밀가루 위에 넣지 말고 다른 그릇에 먼저 깨거나 밀가루 우물에 넣어서 깬 뒤에 달걀 껍질
이 들어가지 않도록 한다.

소스 03_SAUCE

8RECIPES

Mayonnaise

Creole Mustard

Caesar Dressing

Garlic & Roasted Pepper Aioli

Herb Aioli

Spicy Aioli

Lemon Aioli

Remoulade

MAYONNAISE

마요네즈

나와 오랫동안 함께 일했던 한 요리사는 나이가 들어 자기 손이 떨리기 전까지는 꼭 요리와 마요네즈 만들기를 손에서 놓지 않을 거라고 했다. 나 또한 마요네즈만큼은 항상 집에서 만들어 먹는다.

───────────── **300ml · 20분** ─────────────

재료　달걀 노른자 2개, 식초(백식초) 3큰술, 카놀라유 1컵
　　　　겨자 가루(드라이 머스터드) 1/2작은술, 소금 약간

───────────── **만드는 법** ─────────────

01　유리 볼(+거품기)이나 핸드 블렌더에 달걀 노른자를 넣고 식초 1큰술을 넣어 잘 풀어 준 뒤에 카놀라유를 아주 약간 넣고 잘 섞어준다.

02　어느 정도 걸쭉해지면 나머지 카놀라유를 아주 천천히 넣으면서 섞는다.

03　겨자 가루를 넣고 소금을 넣은 뒤 나머지 식초 2큰술을 넣고 잘 섞는다.

04　냉장고에서 10~15분 굳어지게 한다.

───────────── **TIP** ─────────────

- 마요네즈는 상온에서 보관하는 제품이지만 날씨가 너무 덥거나 직접 만든 수제 마요네즈는 냉장고에서 보관을 하는데, 수제 마요네즈는 6일 이내로만 보관 및 사용한다.
- 보통 달걀은 세척해서 나오기는 하나 마요네즈처럼 생달걀을 써야 한다면 달걀을 깨기 전에 한 번 깨끗이 닦아서 사용하도록 한다.
- 마요네즈를 만들 볼이나 블렌더에는 물기가 하나도 없도록 닦아준다.
- 달걀 노른자는 카놀라유와 같은 온도인 상온에 맞춘다. 달걀이 너무 차가우면 기름과 분리될 확률이 높다.
- 달걀이 들어가는 마요네즈나 드레싱을 만들 때 거품기가 알루미늄이나 스테인리스 재질일 때는 알루미늄이나 스테인리스 볼은 사용하지 않는다. 쇠 특유의 향이 나기도 하고 마찰열 때문에 맛이 좋아지지 않는다.

CREOLE MUSTARD

크리올 머스터드

예전에 뉴올리언스 지방에서 온 동료가 왜 사 먹느냐며 가르쳐준 이 마요네즈 베이스의 달콤하고도 아릿한 맛의 소스는, 특히 새우튀김이나 굴튀김을 먹을 때만큼은 그 유명한 루이지애나 핫소스를 잊게 한다.

2컵 · 10분

재료　겨자씨 1큰술, 마요네즈 1 1/4컵, 옐로 머스터드 1/4컵
　　　홀그레인 머스터드 2큰술, 디종 머스터드 2큰술, 꿀 1/4컵, 소금 1큰술

만드는 법

01｜ 겨자씨를 약한 불에 5분 정도 볶는다. 이때 껍질 색이 검게 변하지 않도록 한다.

02｜ 소금을 제외한 분량의 모든 재료를 그릇에 넣고 식혀둔 ①의 겨자씨를 넣어 잘 섞은 뒤 소금으로 살짝 간을 한다.

TIP

• 15일 이상 냉장 보관이 가능하다.

CAESAR DRESSING

시저 드레싱

전에는 시저 드레싱을 사서 먹은 적이 있다. 재료비보다 사는 게 싸기 때문이다. 하지만 바로 후회했다. 때때로 사는 것보다 만들 때 재료비가 더 들 때가 있다. 그럼에도 굳이 만들어 먹어야 하는 이유가 분명히 있다.

2컵 · 20분

재료 달걀 노른자 3개, 레드와인 식초 4큰술, 디종 머스터드 1큰술, 엔초비(캔) 2마리
구운 마늘 2알, 퓨어 올리브유 2컵, 레몬즙 3큰술, 소금 약간, 후추 약간

만드는 법

01ㅣ 속도 조절 장치가 있는 믹서나, 손으로 할 경우 유리 볼 혹은 나무 볼과 거품기를 준비한다.

02ㅣ 달걀 노른자 3개, 레드와인 식초, 디종 머스터드를 잘 섞는다.

03ㅣ 엔초비와 구운 마늘을 칼등으로 밀어서 으깬 뒤 ②에 섞는다.

04ㅣ 올리브유를 아주 천천히 넣으며 섞다가 점점 빠른 속도로 섞는다.

05ㅣ 레몬즙과 소금, 후추를 넣어 간을 맞춘다.

TIP

- 구운 마늘 만들기
  ① 오븐이 있으면 마늘을 20알 정도 포일 위에 놓고 퓨어 올리브유를 아주 살짝 뿌린 뒤 기호에 따라서 타임이나 후추 등을 넣어 단단히 싼다. 포일로 단단히 싼 마늘을 다시 한 번 포일로 느슨하게 더 싼 뒤에 180℃ 오븐에서 30~40분 굽는다.
  ② 오븐이 없을 때는 팬에 포일을 두껍게 한 장 깔고 마늘을 20알 정도 올리고 퓨어 올리브유를 살짝 뿌린 뒤 아주 약한 불에서 20분 정도 뚜껑을 덮고 익히다가 전자레인지 용기에 넣고 전자레인지에서 5분 정도 익힌 뒤 식혀서 사용한다.
- 마요네즈나 달걀이 들어가는 드레싱에는 엑스트라 버진 올리브유는 쓰지 않는다.

GARLIC & ROASTED PEPPER AIOLI

마늘과 구운 피망으로 만든 아이올리

예전에 집에 먹을 것이라고는 빵과 오래된 체더 치즈밖에 없는데 갑자기 와인을 들고 찾아
온 친구들과 먹었던 소스 겸 스프레드. 맛있는 소스 하나만 있어도 안주가 풍성해지는 법!

---

1 1/2컵 · 20분

재료　　구운 마늘(85쪽 'TIP' 참조) 2알, 구운 피망(초록) 2개, 아몬드 60g

　　　　　마요네즈 1컵, 소금 약간, 후추 약간

곁들이기　　파프리카 파우더 약간, 케이얀 페퍼 약간

만드는 법

01 ｜ 피망을 가스레인지에 직화로 태우듯이 돌려가면서 구워서 종이봉투에 넣거나 그릇에
　　　담고 랩을 씌워 5분 정도 두면 습기로 인해 껍질이 잘 벗겨진다.

02 ｜ 아몬드는 팬에 살짝 구워 준비하고, 구운 피망은 껍질을 잘 벗긴 뒤 잘라서 씨를 뺀다.

03 ｜ 핸드 블렌더나 믹서에 껍질을 벗긴 피망, 구운 아몬드, 구운 마늘을 넣고 잘 갈아낸 뒤
　　　에 마요네즈를 넣고 섞은 다음 소금과 후추로 간을 한다.

04 ｜ 기호에 따라 파프리카 파우더나 케이얀 파우더 등을 넣는다.

TIP

- 피망이나 파프리카를 직화로 구워서 껍질을 벗기는 것을 '로스티드 페퍼(Roasted Pepper)'라고 하는
데, 섬유질이 질긴 고추 껍질을 태워서 벗겨내는 작업이다. 이 작업을 거치면 약간의 불향과 함께 피
망이나 파프리카의 풍미가 더 진해진다. 껍질을 벗겨낼 때 가장 중요한 것은 손에 피망이나 파프리카
의 탄 껍질이 묻더라도 절대 깨끗하게 껍질을 벗기겠다고 물에 씻지는 말아야 한다는 것이다. 그러면
불향과 맛이 물에 씻겨나간다. 벗길 때는 수고스럽지만 손과 깨끗한 천, 혹은 페이퍼타월 등으로 일일
이 벗겨내야 한다. 얼마 전 한 요리프로그램에서 '로스티드 페퍼'를 만들고는 껍질을 물로 씻으라고
알려주는 부분이 있었는데, 이는 명백히 잘못된 정보다.
- 마요네즈를 기본으로 만든 소스는 냉장고에서 30분 정도 숙성하면 더 잘 뭉치고 섞인다.

HERB AIOLI

허브 아이올리

허브만 사다 놓고 집에 있는 마요네즈를 섞었는데 어찌 이런 맛이 나느냐고 묻는다면 이렇게 말하겠다. 먼저 마요네즈를 직접 만들고 나서, 허브를 섞자고. 순서와 방식만 바뀌어도 맛은 천지 차이다.

1컵 · 10분

재료　마요네즈 1/2컵, 바질(생) 1큰술, 타임(생) 1작은술, 타라곤(생) 1작은술
　　　　마늘 1알, 아몬드 60g, 퓨어 올리브유 30 ml, 레드와인 식초 1큰술
　　　　소금 약간, 후추 약간

만드는 법

01｜ 바질, 타임, 타라곤은 잘게 다져 준비한다.

02｜ 마늘은 가운데 심을 빼고 다지고 아몬드는 팬에 살짝 굽는다.

03｜ 소금과 후추를 제외한 모든 재료를 믹서나 푸드 프로세서에 넣고 잘 갈면서 섞은 뒤 소금과 후추로 간을 한다.

TIP

- 생허브가 없을 때 건허브를 사용하는 경우가 있는데 소스나 육수 등을 끓이거나 고기, 생선, 채소 등을 재울 때는 건허브를 사용하기도 하지만 소스에 직접 넣을 때는 건허브를 사용하지 않는 것이 좋다.
- 보통 생허브와 건허브 중에 향이 강한 것은 건허브이고 미세한 풍미는 생허브가 더 좋다.

SPICY AIOLI

스파이시 아이올리

집이건 레스토랑이건 아무리 바빠도 새우나 게, 오징어 같은 해산물을 튀기면 항상 곁들여
먹는 소스

———————————————— **1컵 · 10분** ————————————————

재료　마요네즈 1컵, 아몬드 30g, 마늘 1알, 타바스코 소스 2큰술
　　　　케이얀 페퍼 1큰술, 소금 약간, 후추 약간

———————————————— **만드는 법** ————————————————

01｜ 아몬드를 팬에 살짝 굽는다.

02｜ 소금과 후추를 제외한 모든 재료를 믹서나 푸드 프로세서에 넣고 곱게 간 뒤에 소금과
　　　후추로 간을 한다.

LEMON AIOLI

레몬 아이올리

자장면이냐 짬뽕이냐와 같이 해산물을 튀기면 스파이시 아이올리를 만들지 레몬 아이올리
를 만들지 항상 고민하게 된다.

1컵 · 10분

재료　　마요네즈 1컵, 레몬 1개, 아몬드 60g, 마늘 1개, 소금 약간, 후추 약간

만드는 법

01｜ 레몬을 식초물에 잘 씻거나 과일 세척용 세제로 깨끗하게 닦아서 물기를 제거한다.

02｜ 레몬 껍질은 얇게 잘라 제스트를 만들고 즙은 따로 짜놓는다.

03｜ 아몬드는 팬에 살짝 굽는다.

04｜ 소금과 후추를 제외한 모든 재료를 믹서나 푸드 프로세서에 넣고 잘 갈아서 섞은 뒤에
소금과 후추로 간을 한다.

REMOULADE

레물라드

식초와 소금으로만 먹는 영국의 대표 음식인 '피시 앤 칩스(3권 『생선과 소금』 12쪽 참조)'를
한 단계 업그레이드하려면 타르타르 소스(Tartar Sauce)가 필요하고, 그 타르타르 소스를 한
번 더 업그레이드하면 바로 레물라드 소스가 된다. 조금의 품이 요리의 품격을 업그레이드
해준다.

2컵 · 15분

재료 오이 피클 50g, 양파 30g, 케이퍼 30g, 파슬리(생) 1큰술, 레몬 1/2개
엔초비(캔) 1마리, 타바스코 소스 1큰술, 백후추 약간, 마요네즈 2컵
케이얀 페퍼 1큰술, 소금 약간

만드는 법

01 | 오이 피클은 게르킨(Gherkins) 제품처럼 약간 단 피클을 준비해서 곱게 다지고, 양파와
케이퍼, 파슬리도 잘게 다져둔다.

02 | 레몬을 식초물에 잘 씻거나 과일 세척용 세제로 깨끗하게 닦아서 물기를 제거한 뒤에
껍질은 얇게 잘라 제스트를 만들고 즙은 따로 짜놓는다.

03 | 엔초비는 도마에 놓고 후추와 타바스코 소스를 뿌린 뒤 칼등으로 밀어서 으깬다.

04 | 소금을 제외한 모든 재료를 넣고 잘 섞은 뒤에 소금으로 간을 한다.

사이드
23. Mashed Potato